玄关墙

墙势设计1800例

精品文化工作室 编

大连理工大学出版社
Dalian University of Technology Press

图书在版编目(CIP)数据

墙势设计1800例. 玄关墙 / 精品文化工作室编. —
大连：大连理工大学出版社，2012.5
ISBN 978-7-5611-6867-7

Ⅰ.①墙… Ⅱ.①精… Ⅲ.①门厅—装饰墙—室内装
饰设计—图集 Ⅳ.①TU241-64

中国版本图书馆CIP数据核字（2012）第066834号

出版发行：大连理工大学出版社
（地址：大连市软件园路80号　邮编：116023）
印　　　刷：精一印刷（深圳）有限公司
幅面尺寸：210mm×285mm
印　　　张：5
出版时间：2012年5月第1版
印刷时间：2012年5月第1次印刷
责任编辑：刘　蓉
责任校对：李　雪
封面设计：李红靖
版式设计：李红靖

ISBN 978-7-5611-6867-7
定　　　价：28.00元

电　话：0411-84708842
传　真：0411-84701466
邮　购：0411-84703636
E-mail: designbooks_dutp@yahoo.cn
URL: http://www.dutp.cn

如有质量问题请联系出版中心：（0411）84709246　84709043

玄关墙的设计要点

1、为何要设玄关：

设玄关一是为了增加居室的私密性，避免客人一进门就一览无遗。在进门处用木制或玻璃做隔断，划出一块区域，在视觉上遮挡一下。二是为了起到装饰作用。推开房门，第一眼看到的就是玄关，这里是客人从繁杂的外界进入这个家庭的最初感觉。可以说，玄关设计是设计师整体设计思想的浓缩，它在房间装饰中起到了画龙点睛的作用，能使客人一进门就有眼睛一亮的感觉。三是方便客人脱衣、换鞋、挂帽。最好把鞋柜、衣帽架、大衣镜等设置在玄关内，鞋柜可做成隐蔽式，衣帽架和大衣镜的造型应美观大方，与整个玄关风格相协调。

2、如何进行玄关装潢：

首先，在装潢前要对玄关的设计及形式有所认识，从玄关与房子的关系上，玄关装潢可分为以下几种：(1)独立式：一般玄关狭长，是进门通向厅堂的必经之路。可以选择多种装潢形式进行处理。(2)邻接式：与厅堂相连，没有较明显的独立区域。可使其形式独特，或与其他房间风格相融。(3)包含式：玄关包含于厅之中，稍加修饰，就会成为整个厅堂的亮点，既能起到分隔作用，又能增加空间的装饰效果。由此可见，玄关的设计应依据房型和形式的不同而定。它可以是圆弧形的，也可以是直角形的，有的房型入口还可以设计成玄关走廊。式样有木制的、玻璃的、屏风式的、镂空的等等。总的来说，玄关的面积一般都不大，所需费用也不太高。因此，屋主可以多花些心思来装饰玄关，达到花钱不多、事半功倍的理想效果。

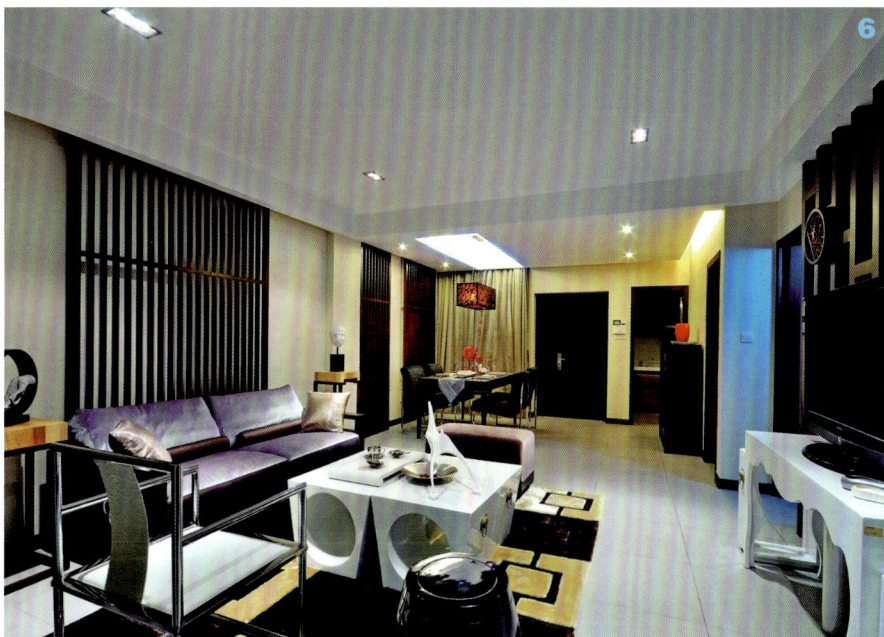

POINT

1. 镜面装饰的卷草花纹，呈现出镂花隔断般的感觉，在营造氛围的同时也带给人典雅的感觉。

2. 入口的透明珠帘与半墙将视线阻隔，形成一个虚实不明的视角，为室内空间保留了一份神秘感。

3. 黑色的壁柜间留出了一段空隙安置一面整容镜，方便屋主进出门前整理妆容，以更优雅的姿态示人。

4. 白色柜体与上下壁面保持一定的距离，呈悬空状设计，中心的空洞用暗藏的灯光营造出通明的效果，装点花束，既显优雅、华贵，又解决了空间大容量收纳的问题。

5. 白色的橱柜保证了墙面的完整性和空间氛围的协调性，惟有黑色的衣帽架体现着过渡空间的独特性。

6. 入口处并无过多的装饰，平铺直叙的形式让人感觉更为直接，也让生活更简单、明快。

7. 黑白搭的鞋柜与墙面别具魔幻气质的壁画形成对比关系，凸显出空间的个性和高雅的格调。

8. 米色板饰以条棱状丰富墙面形态，避免了平面化墙体带来的单调、乏味，同时又不影响整体气氛。

9. 镜面玻璃将室内场景做了很好的重现，让空间更添几分神秘气质，也让生活更加多彩。

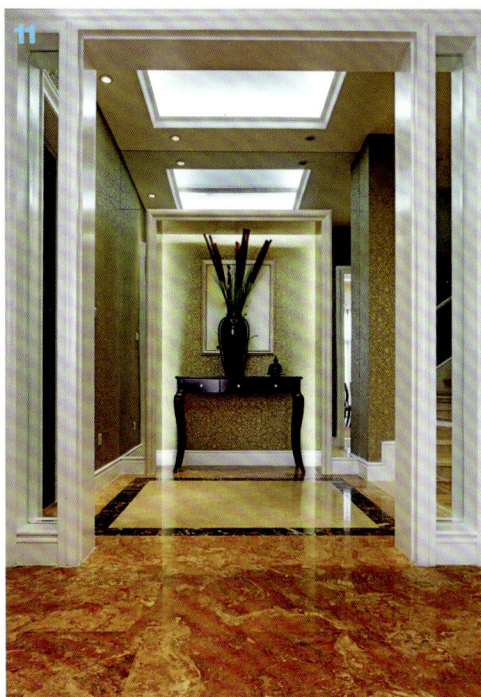

POINT

1 白色门柜式的隔断利用镜面发射延伸空间感，同时走廊边的壁柜也为大容量的收纳提供了空间，让环境更为融洽、温馨。

2 局部清明上河图陈列于玄关走廊，将居家空间装扮成一个艺术长廊。

3 枫木储物柜中间留出空格，用以陈列、装饰，在满足收纳功能的同时也扮靓了空间。

4 泛白的收纳柜呈现出与时间不符的陈旧感，在现代气息浓厚的空间里营造出一种悠远、宁静的气质。

5 白色乳胶漆的墙面整齐地排列着素净的壁画，酝酿出一种雅致、一种温馨。

6 经过暗色处理的墙边用一盆根雕艺术品来扮靓空间，既有指示作用，又显出艺术品位。

7 仿旧木的置物架与木饰面合为一体，巧妙地烘托出一个典雅、大气的空间。

8 银色的储物柜以凹进的四棱形展现在人前，让人有种进入密室古居的感觉，充满神秘气息。

9 怀旧色的壁纸在灯光的晕染下呈现出栅格式的光晕，更显出怀旧的温馨。

10 橘色的墙壁用鲜花束装饰，既显出屋主品位，又烘托出清新、自然的意味。

11 门框式的设计与梯井式的灯光延伸了空间景深，让空间更显开阔、大气。

浅色编制座椅、白色的巨型花瓶、白瓷狗及简洁的边几，共同打造出一个悠闲、自在的休闲过厅。

POINT

1 透明的水晶珠帘从天花板上直垂到地面，让客厅处于半明半昧之间，营造出优雅、精致的效果。

2 小小的角落被用作进餐空间，显得温馨而雅致，更为入门空间增添了一道风景。

3 雅致的陈列台中透着淡淡的紫，与墙面的风景挂画有着异曲同工之妙，将金属质感与艺术气息很好地结合在一起。

4 "L"形的吧台是入户的第一道风景，宽敞、舒适的吧台让人充分体会到屋主对品位生活的追求。

5 黑色的墙凸显出白色的天花，打造出一个拥有神秘气质的玄关空间，个性十足。

6 深色木饰面上点缀着类似银杏叶的装饰，在走道的尽头酝酿出内敛、沉稳的气质。

7 黑色陈列柜拥有棱锥形的外观，丰富空间表情的同时营造出高雅的格调。

8 白色矮墙与黑色台面打造的吧台既是玄关处的陈列台，又是家庭休闲的所在。

5

6

7

8

白色家具组合以不同的形态呈现，刻花的花卉图案与红色人偶一静一动，活跃了空间表情。

本框与特殊处理的墙面让竹子更为显眼，环保而自然的装饰给家居环境带来清新、淳朴的感觉。

玄关设计应把握的要点

居室装饰也有"脸面"，那就是登堂入室第一步所在的位置，建筑术语叫做"玄关"。

1. 玄关是一个缓冲过渡的地段。居室是家庭的"领地"，讲究一定的私密性，大门一开，有玄关阻隔，室内就不会一览无余。即便是自己人回家，也要有一块放雨伞、挂雨衣、换鞋、搁包的地方。平时，玄关也是接收邮件、简单会客的场所。

2. 玄关在精神上是反映屋主文化气质的"脸面"，是给客人第一印象的关键，因此必须精心设计，谓之一"关"。玄关因地制宜，可大可小；因人制宜，可简可繁，但绝不是可有可无，应当根据它的要求，认真处理。

玄关一般与厅相连，由于功能不同，需调度装饰手段加以分割，或吊顶、墙面、地面的形状、色彩、材质不同；或用门套、挂落、隔断、屏风、橱柜相隔，在平面关系上，玄关与厅应当连而不直达、隔而不断。

3. 玄关的"主看面"就是开门入室第一眼所看之处，要着意营造其个性，或简朴、或豪华，但都要体现其文化内涵，烘托其艺术氛围。常用的隔断、屏风、字画、照片、摆设和家具等等，无论是造型样式，还是色彩用材都要有自己的创意，才可能显示气质和风格。

4. 玄关处在内外相连的第一关，所以较易污染，特别是地面。因此应当选择防水、耐磨、容易清理或撤换的材料。此处的灯光也应有足够的照度，因为从室外阳光下进入室内，会觉得光线很暗，明亮的灯光，不仅方便自己，也会给人亲切友好的印象。

POINT

1. 玻璃、人造石、烫画壁纸……在灯光的作用下充分体现出反射或透光作用，让空间显得更为轻盈、雅致。

2. 马赛克镶边的整容镜和编织工艺座凳带给人浪漫的生活体验，搭配蓝色乳胶漆墙面，清新、自然的气息迎面扑来。

3. 玻璃橱窗展示了一个抽象性的艺术品，水银般的质地与透明玻璃在入口处形成一道独特、亮丽的风景线。

4. 白色的系统柜与地台式的玻璃墙在入口处形成一个夹道，带给人强烈的视觉冲击，让人在进入的瞬间就感到优雅、明净。

5. 利用玄关处开敞的空间打造一个休闲厅，雅致的欧式案几与烫画壁纸为优雅、闲适的生活营造出良好的氛围。

6. 怀旧地砖及面砖为空间奠定了沉稳的基调，加上古典、厚重的家具，富贵的大家氛围便油然而生。

7. 黑色大理石为白色的空间添上厚重的一笔，让空间轻重比例更为协调，白色的柜体连吧台让空间更为明朗、清晰，简约的生活也由此开始。

8. 地台式的设计将玄关与室内空间区隔开来，占据整幅墙面的储物柜让空间感觉得以延伸。

9. 浅色木饰面打造出的悬空柜体用暗藏的灯光营造轻盈感，同时木材料也让人更亲近家居生活。

10. 米色的柜体在中间留出一段空白作为陈列台，上下柜体可以明确区分功能，让生活更有条理。

POINT

1 白色的烤漆板在灯光的晕染下呈现出玻璃般的光泽，与光洁的地面砖互为呼应，营造出一个流光溢彩的场景。

2 黑色的地面散发出清冷的光辉，与抬高的地面形成截然不同的画面，更显个性与华贵气质。

3 白与黑的经典组合成就华丽的质感：留白的墙面、黑色的相框、黑色的门框和饰品，鲜明而个性。

4 复古的饰面板装饰玄关墙，让玄关成为空间的焦点。加上两片金属工艺的荷叶状饰物的装点，使玄关空间更加醒目。

5 黑色高柜与白色镂花门在表达中式传统意境的同时也传递出时尚气息，正所谓亦古亦今。

POINT

6 小小的木栅围成一个小小的花围，在大型花瓶与特色墙面的衬托下更显得生动与精致，空间的品质由此可见一斑。

7 五颜六色的隔板长短不一地排列在墙面上，在灯光的作用下呈现出流光溢彩的场景，空间表情也因此更为生动。

8 咖啡色与米色的格子图案给人编织品的错觉，三棱锥形的柜体让畸形空间得到最大限度地利用，将室内杂物完美收纳。

9 天花板的墙角通过弧面处理显示出圆滑的曲面，让简约的空间更添几分柔和与恬静。

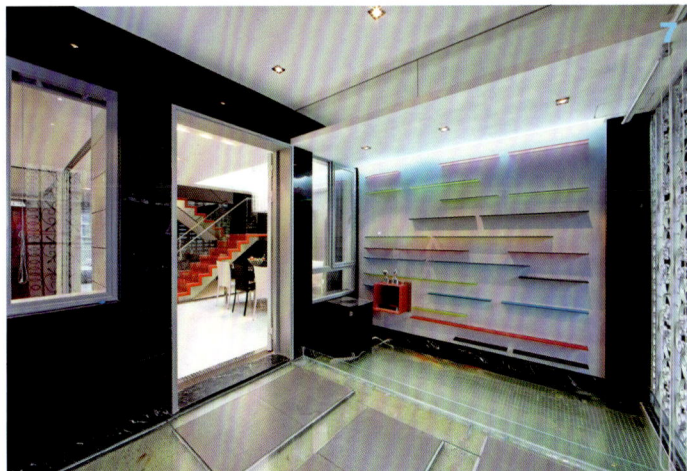

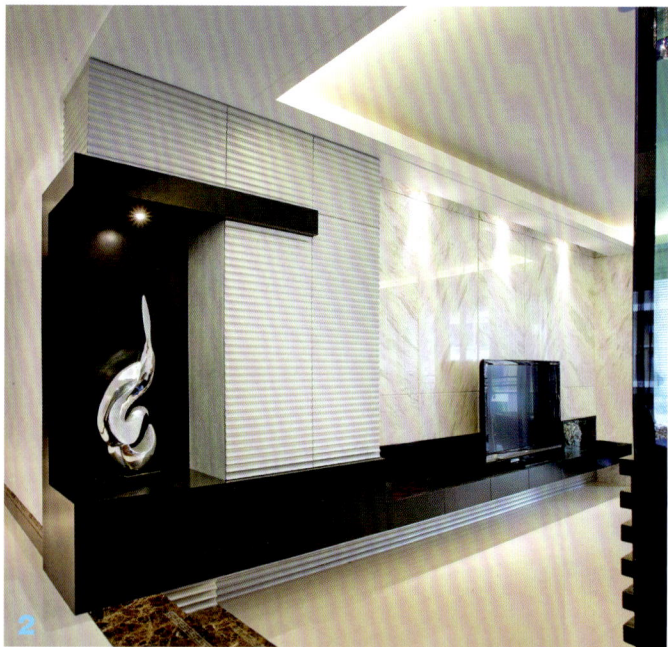

POINT

1. 精致镶边的马头图画成为陈列台的主角，既显出空间的高雅品位，又将屋主的喜好和追求表露无遗。

2. 黑色烤漆柜台将银色艺术品的特质做了全面的展示，两者互为衬托，为空间增色不少。

3. 白色柜体将收纳与陈列集于一体，既是鞋柜，又是展示屋主收藏或小工艺品的平台，让人在进入房间的第一眼便喜笑颜开。

4. 柚木染白打造的嵌入式柜体距地面一定空隙暗藏灯管，既保证了空间的完整性，又营造出雅致、轻盈之感。

5.6 条格式的墙面装饰将鞋柜隐藏其中，既保证了墙面的完整性，又美化了平面化的墙体。

7. 黑色人造石在空间的交界处做出了一个隔断墙，既区分了两个功能空间，又保持了视线的通透性。

8. 黑色烤漆玻璃门片的反光作用让空间呈现出迷离的感觉，为打造个性酷感的空间营造了很好的开场氛围。

9. 玄关处以悬空式的柜体表现出轻盈感，不同颜色的大理石拼花地板更显示出过渡空间的特殊性。

10. 裂纹人造石充分发挥其良好的透光、反射作用，让白色雅致的空间更显优雅、华丽。

7

8

10

9

玄关的分类和装修原则

玄关，也就是门厅的装修，可以根据自己的风格，选用下面所介绍的种类中的一种或者多种进行处理，处理的原则不外乎以下几方面：

1. 风格上要保持与客厅、餐厅等公共空间的一致性；

2. 维持合理的交通线，避免因为玄关的设计而影响到正常的使用功能；

3. 玄关的造型设计，不宜比其他公共区域更复杂；

4. 玄关应先是功能性的，然后才是装饰性的；

5. 不需要玄关的地方，不要强行设置。

下面就常见的几种门厅类型，提出参考意见：

1. 独立式门厅。这种门厅的特点是：门厅本来就以独立的建筑空间存在或者是转弯式过道，因此对于室内设计者而言，最主要的是功能的利用和装饰。

2. 通道式门厅。这种门厅的特点是：门厅本身就是以"直通式过道"的建筑形式而存在的，对于这种门厅，如何设置鞋柜是关键。

3. 虚拟式门厅。这类门厅的特点是：建筑本身不存在门厅，只能另外隔出客厅或者餐厅的一部分来作为门厅。这种情况下，就得考虑是否需要玄关了，需要做玄关的理由有：（1）大门可直视客厅的沙发位置；（2）大门可直视卧室门洞；（3）大门可直视其他不适宜被外人直接观看的区域。

POINT

1. 黑色烤漆柜门与黑色木作柜以同种颜色、不同质感表现出丰富的变化，让空间显露出十足的个性酷感。

2. 白色焗漆木作隔断用传统中式元素来表现优雅气质，将新中式风格的意境与韵味尽显。

3. 木片拼接的饰面因颜色不同而展现出丰富的纹理，同时也很好地将门片隐藏在其中，保证了墙面的完整性。

4. 铁刀木壁柜集收纳和展示于一体，表现出简约气质的同时也体现出强大的实用功能。

5. 银色的金属装饰与清玻璃置物台一起营造出一分轻盈，让空间显得更飘逸、灵动。

6. 铁艺隔栅在入口处形成一个似有若无的隔断，在一定程度上阻隔了视线，却又加强了家人间的互动与交流。

7. 极富手工质感的墙面装饰与白色镂花隔断让整个墙面显得个性十足，表达出强烈的时尚感。

8. 手绘的蒲公英飞散在入口的墙面，带给人真实、自然的体验，让人享受原始、真切的生活。

9. 浅色木条采用"V"字形错位拼贴，将墙面装饰一新，黑色隔板沿墙角布置，展现出一幅生动的艺术图画。

POINT

1. 黑色烤漆玻璃面以其特有的质感与有棱有角的外形形成一道独特的风景，让空间呈现出别样的质感。

2. 入口墙与特别设计的隔断之间用一个玻璃置物柜连接，既将边角空间合理利用起来，又显示出了空间的品位。

3. 实木打造的柜体将边角空间很好地利用起来，既提供了一个鞋柜，又多出了一个展示收藏的平台。

4. 上下悬空的柜体营造出轻盈灵透的质感，一横一竖两道灯带既有指引作用，又在一定程度上扮靓了空间。

5. 单片木格很好地显示出层高优势，似隔非隔的形式以极其玄妙的方式阻隔了视线，让空间更显独立。

6. 深色壁纸以岩石特有的纹理展现石材般的质感，与灰色的地面砖形成对比，在灯光的照耀下流露出暗调的华贵气质。

7. 手绘的花藤在墙角盛放，既节省了经济成本，又为空间增添了灵动气息，是现代家装的不二选择。

8. 黑色烤漆玻璃将门后空间很好地利用起来做成一个衣柜和鞋柜，在保证墙面完整性的同时也很好地扮靓了空间。

9. 深色大理石地板与茶镜组合将玄关与室内空间很好地区分开来，既有着暗调的优雅，又兼具简约、时尚的格调。

10. 木作打造的框架与线帘一起组合成一道虚体隔断，圆形的镂空为空间增添了无限的意趣和个性。

玄关墙的设计常识

玄关的墙面往往与人的视距很近，通常只作为背景。宜选出一块主墙面重点加以刻画，或以水彩，或以木质壁饰，或刷浅色乳胶漆。原则是：重在点缀达意，切忌堆砌重复，色彩不宜过多。

玄关的墙面一般不宜做造型，除非要拿墙面直接做玄关。玄关一般作为背景衬托，起到点缀作用，色彩不宜过多。墙面可采用壁纸或漆彩，但是，如果玄关里的光线较暗且空间狭小，则最好选择较为清淡、明亮的色彩，避免在局促的空间里堆砌太多让人眼花缭乱的色彩与图案。

POINT

1. 色彩绚丽的墙面漆描绘出一幅原野场景：绿草、金黄的原野、白墙小舍、蓝天，让人神往。

2. 繁琐的图案装饰的壁纸与黑白色的地面铺装和墙面拼贴形成呼应，书写出一个黑白色的经典。

3. 镜面玻璃做的陈列柜门在延伸空间感的同时，更有反射灯光和辉映场地的效果。

4. 白色的橱柜镶嵌在墙壁中，上半段采用无门的搁板来展示和陈列一些饰品，下面则用来收藏杂物。

5. 进门处做出一个上升平台，将餐厅与客厅置于不同的平面上，用一个实木质感的边几作为各个空间的隔断，生动了空间表情。

6. 半高的格柜在入口处阻挡住人的视线，避免室内的风光在进门时便一目了然，给人留一点悬念，增添点生活乐趣。

7. 宝蓝色的软包装饰与米黄色石材、银镜结合，更衬出空间的华贵与优雅。

8. 留白的墙面与地板形成鲜明的对比，在明亮的空间里更显高雅、大方。

9. 相框、小饰品等物品是进门后第一眼看到的风景，零散而精致，让人有种目不暇接的感觉。

5

6

9

7

镜面与黑色烤漆形成条纹图案，在延伸空间感的同时也装饰了空间，让空间更显华贵、大气。

8

POINT

1. 红木的边墙与玄关处的书法壁画将新中式的典雅、华丽表现得淋漓尽致。

2. 条纹状的壁纸有延伸空间的作用，同时也让空间显得整洁有序。

3. 在玄关过道放置雕花精美的案桌，流露出浓浓的古典书香气息，让人沉醉。

4. 红色的印花壁纸与黑色的古典柜体相搭配，表现出浓浓的喜庆与富贵之气。

5. 红、蓝、黄、绿四种颜色形成对称的花形图案，一进门便吸引住人们的视线。

6. 墙面上的果树虽不能以假乱真，却能让人产生丰富的想象，生出无尽的韵味。

7. 素雅的壁纸以细腻的纹路营造出一种雅致，仿若透明的壁画，更为空间增添了几分通透、轻灵之气。

8. 木饰面与黑色柜体带出淡淡的中式韵味。

9. 红色的墙成为照片的归属地，既展示了相片，又装点了单调的墙面，让空间更为丰满。

10. 蓝色的储物柜与做旧的置物柜一新一旧，将清新、自然的气息弥散到整个空间中。

玄关的作用

首先，从环境的角度来看，玄关能够充实室内空间。但是因为玄关容易受到采光等因素的影响，所以在设计的时候，需控制好空间的体量关系，处理好空间的比例及过渡。

第二，玄关能够使居室有一种先抑后扬的感觉，表现出含蓄、内敛的风格和气质。

第三，玄关还可以充分表现空间的内容，加强空间气氛，使空间更完整地体现出屋主的审美要求，从而彰显出屋主的生活品质和生活方式。

第四，做好玄关，要把握它的空间性质，让空间具有层次感，这样才能产生荡气回肠、耐人寻味的效果。

玄关的目的

1. 可以保持空间的私密性，避免客人一进门就将整个居室一览无余。

2. 可以对居室起到装饰的作用。客人进门之后对居室的第一印象来自于玄关，因此，设计一个漂亮的玄关必然能够起到美化居室的作用。同时，玄关设计也是设计师整体设计思想的浓缩，在房间装饰中往往能起到画龙点睛的作用。

3. 可以方便客人脱衣、换鞋、挂帽。最好把鞋柜、衣帽架、大衣镜等设置在玄关内，鞋柜可做成隐蔽式并和整个玄关风格相协调。玄关的装饰还应与整套住宅装饰风格相一致，起到承上启下的作用。

POINT

1 磨砂玻璃与白色美耐板打造的圆圈镂花共同营造了玄关隔断，保证空间采光的同时也为空间增添了一道灵动的风景线。

2 白色的经典镂花隔墙既是一道朦胧的界线，又是进入房间的第一道风景。

3 蓝、白两色的马赛克在弧形墙上拼贴出玫瑰图案，如同蓝玫瑰一样，独特而浪漫。

4 压花玻璃与白色乳胶漆共同打造了一面隔断墙，为白色的空间增添了些许变化，同时也带给人通透、明亮的感觉。

5 怀旧色的地板与面砖为乡村田园风格奠定了基础，真假门框的运用让空间显得柔和、温馨。

6 入口的鸟笼与精巧的案几营造出典雅、温馨的气息，为室内优雅的家居生活做了很好的铺垫。

7 有着夸张纹理的木饰面在白色的弧面墙上形成一道飘逸的装饰带，连接着黑色刷漆饰面，打造了一个个性入口。

8 客厅在玄关走道的基础上做了下沉空间处理，营造出大家气派，豪华生活由此开始。

9 中国红的时尚陈列柜既有着中式传统家具的元素，又有着现代工艺，仿清服的造型让人感受到古典、雅致的生活情趣。

10 门框式的墙面装饰让人在进门的瞬间便感受到大家的气氛，精致、典雅的案桌更加深了典雅气质。

POINT

1. 银色的陈列柜拥有棱锥形的外形，在黑白色马赛克拼花墙面上流露出金属般的质感，提升了空间气质。

2. 实木家具与灰色调的空间搭配，营造出淳朴、自然的氛围，加上半隔断与若隐若现的绿植，开阔而大气。

3. 磨砂玻璃上的花纹与地面图案有着异曲同工之妙，相互辉映，给白色的空间增添了几分神秘气质。

4. 高大的系统柜中间挖出一个方形的"窗口"，让人在进门处便可以看到餐厨空间的景致。

5. 反光的地面砖呈现出高雅、大气的气质，从这个角度看过去，整个空间一目了然，很有豪宅风范。

6. 有着白色树干图案的茶色玻璃充当隔断，既保证了视线的通透，又起到了一定的遮挡作用。

7. 门框上的镂花装饰与走道的格子状地砖巧妙地融合在一起，让走道显得狭长而精致，引人入胜。

8. 入口的鞋柜上下都不置顶，悬空式的结构平添了几分飘逸、灵动之感，加上双拉门的设计，有入户栅门的感觉。

9. 浅色木质的柜体让人在进门处感受到纯朴、自然的气息，为进入田园般的居室起到了过渡的作用。

POINT

1 大幅的中国画作为玄关处的背景，让人一进门就感受到整个家居的氛围和格调。

2 玄关用精美的墙柱做成门框形式，装点精致、华美的置物台和精美壁画，尽显欧式优雅。

3 在玄关处放置座椅、案几，将其打造成一个小小的休闲空间，是现今室内设计的新潮流。

4 印花金属镜将整面墙装点得恢弘大气，加上典雅、优美的收纳柜及个性装饰，美好的生活从进门的那一刻开始。

5 黑白色的马赛克在墙面上拼贴出不一样的花纹，加上四棱锥造型的装饰，更显冷冽、优雅。

6 镜面与精致的置物台带给人似是而非的错觉，引人进入一个真实的华丽世界。

7 粉色的莲花瓣壁画、银色的枝叶壁纸、印花的储物柜，共同构造出一幅花团锦簇的景象。

8 玄关处的印花玻璃门呈现出欲开未开的姿态，似一扇即将打开的大门，迎接着来人。

9 玄关处运用夹墙营造出曲径幽深的感觉，素雅的色调则流露出清雅的味道。

10 精美的风景画在白色乳胶漆墙面上显得尤为突出，成为进入室内的第一眼风景。

玄关设计中要注意的两点细节

在玄关的具体设计过程中，有一些值得注意的地方，主要有以下两点：

一、玄关的设计需要考虑是否和整体空间环境相协调。这里说的空间环境包括硬环境和软环境两个方面。具体来说，硬环境指的是建筑所特有的、不能调整的、非能动的空间环境。软环境指的是屋主个人的生活态度、审美需求等等，设计玄关时这两方面的因素都要考虑到。

二、就制作材料来看，玄关的制作材料也是多种多样的。玻璃、实木、砖、珠帘、绳索等材料都可以用来制作玄关。同时，玄关还可以做成虚拟的，如地砖的构图划分，吊顶的象征性分层，更进一层还可以用光来划分空间，用色彩规划区域等等，手段不一，方法各异。当然，玄关的制作主要还是取决于环境因素，应该具体情况具体对待。

对于设计师而言，玄关的设计一直以来都是他们面临的一大难题，正所谓"玄关"出"玄机"，如果设计不好，不仅达不到预期的效果，还会破坏整体环境，也有可能对采光和通风产生负面影响，使空间零乱。对于屋主来说，在设计玄关时要根据自己家庭的实际情况，"量体裁衣"才能够取得更好的效果。

POINT

1　实木镂花槅门与实木储物柜表现出浓浓的中式意味，内敛中不失优雅。

2　黑色裂纹大理石地板与白色悬空鞋柜形成鲜明对比，互相衬托彼此的特色，让玄关更为鲜明。

3　实木的储物柜也可以作为博古架存在，用以陈列主人的部分收藏，也是不错的选择。

4　浅色的壁纸在红木门之间留出一片素淡，利用灯光来昭示这一特殊区域的存在。

5　棕色的软包带给人舒适、温润的感觉，让人相信：美好的生活就此开始。

6　透明玻璃反射出木吊顶的木纹肌理，呈现出纷乱、迷幻的感觉。

7　原木打造的置物架与木地板透露出原始、自然的感觉，让人不自觉地想要亲近。

8　茶镜在空间中的运用，让空间更显虚幻，有画龙点睛之妙。

9　波纹状的壁纸与黑色地砖很好地融合在一起，表现出华丽、大气的质感。

玄关中鞋柜的摆放

在玄关放置鞋柜，是顺理成章的事，因为无论是主还是客在此处更换鞋子都十分方便。但即便如此，在玄关放置鞋柜仍有一些方面需要注意：

鞋柜不宜太高太大：鞋柜的高度不宜超过屋主的身高，若是超过这尺度便不妥，鞋柜的面积宜小不宜大，宜矮不宜高。

鞋子宜藏不宜露：鞋柜宜有门，倘若鞋子乱七八糟地堆放而又无门遮掩，便十分有碍观瞻。有些布置在玄关的鞋柜很典雅、自然，因为有门的遮挡，所以从外边一点也看不出来它是鞋柜，这是符合了归藏于密之道。

鞋头宜向上不宜向下：鞋柜内的层架大多倾斜，在摆放鞋子入内时，鞋头必须向上。

鞋柜宜侧不宜中：鞋柜虽然实用，但却难登大雅之堂，因此除了以上所提及的几点之外，还要注意宜侧不宜中，即鞋柜不宜摆放在正中，最好把它移向两旁，离开中心的焦点位置。

玄关墙是玄关空间中的主体部分，它的设计会影响玄关的整体，甚至会影响居室的整体风格。玄关墙在风格上主要分为简约型、奢华欧式型、田园休闲型、东方韵味型四种。如何打造出这些风格呢？其实是和选材相连的，什么样的材料搭配便能展现出什么样的风格特色。那么，如何使材料的选取与风格完美结合呢，以下的文字与精美设计图片将为您一一体现。

POINT

1 黑铁镂花将这个镂空的区域凸现出来，流露出雅致的韵味。

2 玄关处的地板区别于室内地板，既是强调这一过渡区域，也是因功能不同而异。

3 粗条纹的壁纸与厚实的置物柜呈现出同一种味道：怀旧、古典，搭配上绿植，生机无限。

4 原木打造的折叠式屏风在入口处遮挡着人们的视线，同时又引导着人们的视线，彩绘的花纹让人在入口处便能感受到地中海风情的浪漫与温馨。

5 土黄色的人造石打造成门框形式，在玄关处设置了一个隐形鞋柜，同时还保持了视线的畅通。

6 仿青砖造型的墙面设计与精致的博古架相映成趣，共同打造出一个典雅、内敛的优雅居所。

7 简洁的家庭式吧台在进门的第一时间便给人提供了一杯舒心的饮品，舒心又惬意。

8 印花博古架以精美的图画取胜，大盆的绿植放于其上，有效地遮挡了入口的视线，有欲扬先抑的效果。

9 大容量的收纳柜与黑镜组合延伸了空间深度，做旧的地板让空间散发出慵懒、随性的味道。

10 用大小不一的相框装饰光洁的墙面，在入口处形成一道艺术走廊，引导着人们深入。

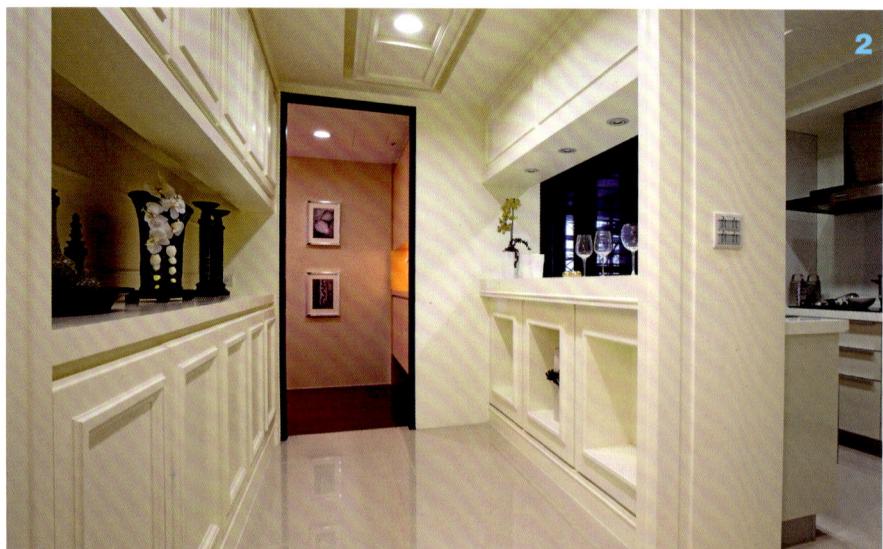

玄关的分类

玄关可分为两种：硬玄关和软玄关。

硬玄关又分为：全隔断玄关、半隔断玄关。

全隔断玄关： 指您的玄关的设计是全幅的、由地至顶。这种玄关是为了阻拦视线而设的。

这种设计的注意事项是：

1.您的这种设计是否会影响到门口部分的自然采光？这是很关键的。如果此设计造成门口部分的光线偏暗，那此设计就是败笔了。

2.这种设计是否会造成空间的狭窄感？这点也值得留意。

半隔断玄关： 指玄关可能是在x轴或者y轴方向上采取一半或近一半的设计，这种设计在一定的程度上会降低出现上面所述事项的概率。半隔断玄关在透明的部分也可能采用玻璃，虽然是由地至顶，但由于在视觉上是半隔断的，因此也划入半隔断的范畴。

软玄关： 指的是在材质等平面基础上进行区域处理的方法。分为天花划分、墙面划分和地面划分三类。

POINT

1 隔栅式的隔断凸显出空间的层高优势，因此大面积的深色实木地板与家具便不再显得沉郁。

2 牡丹花开的玻璃屏风并没有完全遮挡住玄关处的视线，而是让窗外的阳光穿过客厅到达楼梯间，让室内充满阳光，让空间更显大气。

3 相同形式的墙面与天花让整个走道浑然一体，同时也让空间景深得以延伸。

4 白色刻花在茶镜上绽放出魅惑色彩，既引导着人们入内，又增添了空间气质。

5 折叠式的屏风在入口处起着遮挡视线和点缀空间的双重作用，美观与实用并重。

6 米白色的陈列柜有着精美的镶边和雕花，搭配整容镜和质感饰品，体现出空间的品位与追求。

7 边几与相框以精美、典雅的镶边展现，华丽中流露出古典气质，让空间更有内涵。

8 印花墙纸在灯光的作用下反射出镜面般的光泽，与精美插花和雅致的边几共同勾画出一幅华美的图画。

9 荷花图、镂花隔断以及白色矮墙，共同围合成入口的过渡空间，典雅中散发出浓厚的意境。

6

7

8

9

玄关的设计形式

玄关的设计形式主要有低柜隔断式、玻璃通透式、格栅围屏式、半敞半蔽式、装饰玻璃式及柜架式等几种:

低柜隔断式: 指以低形矮台来限定空间,以低柜式成型家具的形式做隔断体,既可储放物品,又能起到划分空间的功能。

玻璃通透式: 指以大屏玻璃作装饰遮隔或在夹板贴面旁嵌饰车边玻璃、喷砂玻璃、压花玻璃等通透的材料,既分隔大空间又保持大空间的完整性。

格栅围屏式: 主要是以带有不同花格图案的镂空木格栅屏作隔断,既有古朴、雅致的风韵,又能产生通透与隐隔的互补作用。

半敞半蔽式: 指隔断下部为完全遮蔽式的设计,隔断两侧隐蔽无法通透,上端敞开,可贯通彼此相连的天花顶棚。半敞半隐式高度大多为 1.5m～1.8m,通过线条的凹凸变化、墙面挂置壁饰或采用浮雕等景物的布置方法取得浓厚的艺术装饰效果。

柜架式: 就是半柜半架式,柜架的形式可以是上部为通透的格架作装饰,下部为柜体;或以左右对称的形式设置柜件,中部通透;或采用不规则手段,虚、实、散相互融合,以镜面、挑空和贯通等多种艺术形式进行综合设计,达到美化与实用并举的目的。玄关中的家具应包括鞋柜、衣帽柜、镜子、小坐凳等。

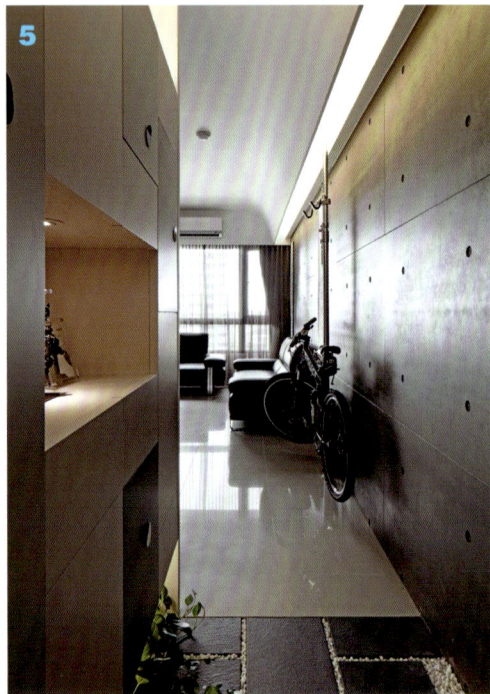

6

7

POINT

1. 典雅、精致的案几与暗花硬包打造的墙面组合一亮一暗，很好地平衡了空间感。

2. 入口做成放射状，印花玻璃与铁刀木打造的大型收纳柜在空间里形成一道放射线，给人先抑后扬的心理体验。

3. 入口处的收纳柜用做旧的面貌呈现，精致的把手在一片做旧的色彩中体现出生活的品位。

4. 民族风的少女壁画是玄关处的一大亮点，扮靓了空间。

5. 鹅卵石与青石铺就的走道既有吸尘效果，又有防潮的功能。

6. 水泥色的腰线将米黄色与白色的墙一分为二，打造出田园原始、自然的气息，在绿色盆栽的配合下，流露出大自然的清新感。

7. 用一系列的门廊分隔开玄关与客厅，既显恢弘大气，又将欧式的华美尽显无遗。

8. 深色木柜为空间提供了很好的收纳空间，同时也将鞋柜收于无形中，暗藏的灯让人在进入家门的那一刻便感受到温暖。

9. 深色木饰面为白色的空间增添了几分稳重的感觉，让白色主调的空间更显优雅气质。

8

9

POINT

1. 走道尽头古典的陈列柜在灯光的照射下散发出家的温馨，让归来的人在进门的瞬间便感舒心。

2. 透明盘面的时钟在留白的墙面上用轻盈的身线来表现明净的空间和惬意的生活。

3. 闭塞的一体柜上下不着墙体，下面暗藏的灯光打造出一个轻盈、飘逸的收纳空间。

4. 白色的柜体在入口处形成一个小小的隔断，既满足了出入换鞋的需要，又为空间增加了一个展示陈列品的平台。

5. 嵌镜式的系统柜与地面有一段空隙，暗藏灯管营造出轻盈、通透之感。

6. 烤漆玻璃上做出时尚的图案，在保证透光的前提下表现出现代生活的时尚与个性。

7. 马赛克贴面的墙面用大理石打造出一个直角折线台面，在进入房间的第一眼便让人感受到休闲时光的惬意。

8. 白色的柜体与仿鳄鱼皮的饰面打造出入口鞋柜和陈列柜，下面的悬空暗藏灯管，意欲营造一份轻盈、灵动。

9. 整幅墙的柜体与大理石地面用纵深的线条打造出一个开阔的空间，延伸了空间深度。

10. 走道尽头手绘的原野小径带给人惬意清爽的想象空间，同时也将小小的门归于隐形。

6

8

7

打造玄关的五个要素（一）

灯光：玄关区一般都不会紧挨窗户，想要利用自然光的介入来提高玄关的光感是很难的。因此，必须通过合理的灯光设计来烘托玄关明朗、温暖的氛围。一般在玄关处可配置较大的吊灯或吸顶灯作为主灯，再添置些射灯、壁灯、荧光灯等作为辅助光源。此外，还可以运用一些光线朝上射的小型地灯作点缀。如果您不喜欢暖色调的温馨，还可以选用冷色调的光源来传达冬意的沉静。

墙面：依墙而设的玄关，其墙面色调是视线的最先接触点，也是给人总体色彩印象之所在。清爽的水湖蓝、温情的橙黄、浪漫的粉紫、淡雅的嫩绿……缤纷的色彩能带给人不同的心境，同时也暗示着室内空间的主色调。玄关的墙面最好选择中性偏暖的色系，能让人很快地摆脱令人疲惫的外界环境，体会到家的温馨，感受到家的包容。

9

10

POINT

1 印花壁纸、黑色嵌镜边几以及银色镶边的壁画,提升空间品位的同时也让人体验高品质的生活。

2 白色的系统柜满足了室内大容量的收纳需求,马头装饰既是艺术品,又是展示屋主喜好的最佳方式。

3 仿土砖结构的矮墙在入口处很好地规划出一个过渡空间,配合昏黄的灯光,营造出浓浓的怀旧氛围。

4 高大的柜体在下方留出一段空白用以设置灯管,既显出轻盈感,又有指引照明的作用。

5 白色的柜体与趣味吊顶有着一体化的趋势,收纳柜留出一些空间用来陈列、展示屋主的收藏,一举两得。

6 高低不同的博古架在入口处摆出"步步高"的阶梯状造型,向人们传达着美好的寓意和祝福。

7 黑色地板与灰色墙面共同营造出一个低调、内敛的空间,走道尽头的黑白建筑壁画更是给人清幽、宁静的感觉。

8 原木材料打造的展示墙用来展示屋主的收藏和记忆中的美好场景,让空间充满了文化和艺术韵味。

9 透明珠帘与白色嵌镜的收纳柜成为了进门的第一道风景,让人感受轻盈、灵动的空间氛围。

10 大幅壁画用银色框装饰,让人感觉像是看到了一个展示型的大屏幕,带给人强烈的震撼。

打造玄关的五个要素（二）

家具：条案、低柜、边桌、明式椅、博古架，玄关处不同的家具摆放，可以承担不同的功能，或收纳，或展示。但鉴于玄关空间的有限性，在玄关处摆放的家具应以不影响屋主的出入为原则。如果居室面积偏小，则可以利用低柜、鞋柜等家具扩大储物空间，而且像手提包、钥匙、纸巾包、帽子、便笺等物品就都可以放在柜子上了。此外，还可通过改装家具来达到一举两得的效果，如把落地式家具改成悬挂式的陈列架，或把低柜做成敞开式挂衣柜，增加实用性的同时又节省了空间。

装饰物：做玄关不仅要考虑功能性，装饰性也不能忽视。一盆小小的雏菊，一张家人的合影，一块充满异域风情的挂毯，甚至只是一个与玄关相配的花瓶和几枝干花，就能为玄关烘托出非同一般的气氛。此外，还可以在墙上挂一面镜子，或是不加任何修饰的方形镜面，或是嵌有木格栅的装饰镜，都可以让屋主在出门前整理装束，也可以扩大视觉空间。

地面：玄关地面是家里使用频率最高的地方。因此，玄关地面的材料要具备耐磨、易清洗的特点。地面装修的具体情况通常要依整体装饰风格而定，一般用于地面的铺设材料有玻璃、木地板、石材或地砖等。如果您想让玄关的区域与客厅有所分别的话，可以选择铺设与客厅颜色不同的地砖，也可以把玄关的地面升高，在与客厅的连接处做成一个小斜面，以突出玄关的特殊地位。

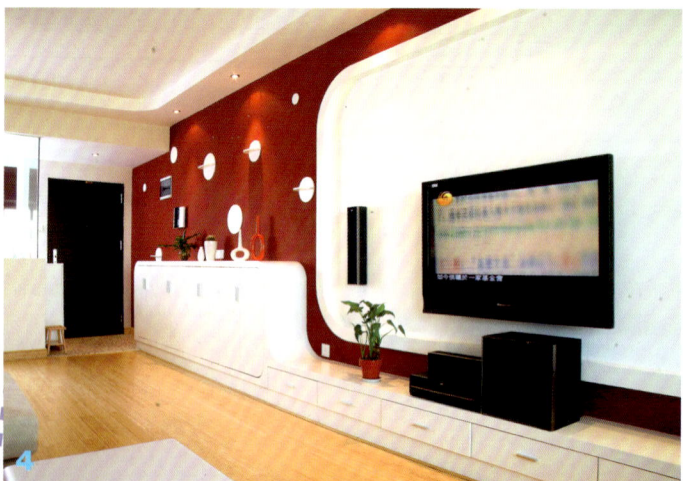

POINT

1 简洁的博古架与镂花木隔断一起书写古典的雅致，为空间增添了几分幽远的意境。

2 富有特色的吊顶从入口上方往室内过渡，营造出流动的意境，让空间表情更加生动、活泼。

3 绿色的窗口与绿色盆栽让人误以为是进入了花房中，盎然的绿意与清新的气息带给人田园的感觉。

4 红色的墙面带给人惊艳的效果，流线型的白色烤漆柜则在惊艳的回眸处给人以柔和、优雅的感觉。

5 隔栅式的隔断与同色系的陈列柜仿佛融于一体，优雅中隐含着深远的内涵。

6 黑色边几与印象挂画共同构成了一幅艺术画卷，让人一进门便感受到浓厚的艺术气息。

7 入口旁边用地台形式搭建储物柜，自成一体。储物柜兼鞋柜用不同的材质丰富着空间形式，新颖又雅致。

8 光洁的地面在灯光的作用下流露出玻璃般的质感，晶莹而神秘，明亮而通透。

9 实木打造的陈列柜上半段采用搁板形式，别致、优雅的小饰品便成为来客入眼的第一道风景。

10 白色的柜体几乎占据了整面墙，只在距离地面处留出一段空隙用以避免大面积柜体带来的沉重感，在营造轻盈感的同时也显露出优雅气质。

POINT

1. 原木储物柜在入口处带给人顶天入地的震撼，留空的部分用暗藏的灯光营造清透感。

2. 素色墙纸完美地保持了空间主调，黑白色的壁画装饰强调了过渡空间，同时也表现出简约主义的精髓。

3. 不规则切面的墙体在入口处带给人新奇的感受，犹如钻石切面的墙体也寓意着美好的祝福和深切的期盼。

4. 木地板在灯光的作用下显示出非凡的光洁度，让人相信：品质生活将从此处开始。

5. 灰色条纹墙纸与黑白照片让空间流露出淡淡的怀旧气息，有着黑白胶片时代独有的优雅。

6. 入口的转角处有着很大的发挥空间，用相框和精美挂画来装饰墙面，让休闲空间更显优雅。

7. 扇形的边几与黑色镶边的镜面在进门处拉开东南亚风情的序幕，给家居氛围奠定了良好的基础。

8. 花艺壁纸与精致的花枝装饰将整个空间布满，让人充分感受到田园风格家居带给人的浪漫与清新。

9. 铜金色的镜框与墙纸延续华丽的风格，显示出欧式新古典家居的豪华大气。

10. 地面上的圆形图案呼应着吊顶，将弧形地带打造成一个独立存在的小空间，优雅而华丽。

玄关墙设计的八个流行趋势（一）

玄关原指佛教的入道之门，现在泛指厅堂入户后的外门。广东人向来很重视玄关的设置和设计。其实，在房间的整体设计中，玄关是给人第一印象的地方，是反映屋主文化素养的"脸面"，也是居家品位、情调的闪亮之处。事实上玄关也确实是居室设计的关键，最能体现屋主品位的地方。

增强收纳功能

对于最普遍的90平方米以下的小户型来说，由于条件限制，进门处的玄关空间一般都很狭窄。既然没有那么多空间可以挥霍，那么玄关设计就应以储物、收纳等实用功能为主。主要是为了方便脱衣服、换鞋帽。因此，可以把鞋柜、衣帽架、大衣镜等设置在玄关内。今年的设计还是以低柜隔断式为主，但细节处又有了新意。

流行设计一：定做整体衣柜

整体衣柜的收纳功能远远超过我们所购买的衣柜，而且充分利用了进门处墙面的狭小空间，最大限度地满足了收纳衣物的需求，同时也减轻了卧室的压力。对于无法单独开辟衣帽间的家庭来说，根据您家的房型，如果条件允许，在玄关处打一个整体衣柜是最佳的收纳方案。

流行设计二：艺术造型的个性玄关

玄关不仅能收纳鞋帽和衣物，对于喜欢收藏好酒的人来说，如果您的家不够大，没有单独的吧台，那么完全可以把玄关做成酒柜和吧台，这样，既满足了储酒功能，又可以实现二人就餐，同时又兼具了美观效果。

流行设计三：新中式风格鞋柜

如今，让家极简又不过时的新中式风格越来越流行，所以用有古典图案纹样的鞋柜当玄关已成为一种趋势，既分隔空间，又通透美观。

如果您家的空间很小，在玄关处放一个小巧而多功能的架子便是精明的选择。这个架子的搁板最好有三层或以上，这样就可以根据情况放置不同的物品，将美观和实用集于一身。此外，收纳鞋柜可以选择带很多抽屉的那种，可分别收纳鞋子、小件衣物、手套等物品；还可以在旁边空白墙壁上安装挂钩和搁架，收纳进门后脱下的衣物。

1

2

3

4

5

玄关墙设计的八个流行趋势(二)

打造居室私密性

之所以要在进门处设置"玄关",其最大作用就是遮挡视线。玄关是大门和客厅之间的缓冲地带,如果家人在客厅的一举一动客人在大门口便一览无余,那样会很尴尬。所以保证玄关的私密性也是很重要的。今年的玄关设计已经不再流行用高大的艺术屏风彻底隔离视线,而是改用木质、玻璃或珠帘等做隔断,强调自然划分区域,既在视觉上区隔空间,又不影响通透感。

流行设计四:装饰隔栅代替屏风

一般采用全镂空的窗格或毛玻璃,古朴雅致,这样一来,旁边搭配的衣柜和鞋柜便一点也不显呆板;也有完全不用玻璃的,用珠帘,若隐若现的感觉也很不错。

流行设计五:大屏玻璃造型

将大屏的玻璃固定在不锈钢架或木制架栏上,简约清爽而且可以和整体环境很好地配合。玻璃的规格在58mm以上,压花玻璃、喷砂彩绘玻璃或磨花造型均可,于半遮半掩中区隔空间。旁边再摆放一盆绿植,让您一进门就感受到门内的春意。

流行设计六:原木、玻璃和隔栅相结合

以回归自然的原木做底,同时把玻璃和隔栅这两种主要体现私密性的工具结合起来,既体现玻璃的通透性,又不忘隔栅的隐蔽性,原木材质的鞋柜、边框与居室的实木色彩相统一。

POINT

1 精致的蓝色柜几与铁艺护栏一起表现出清新、自然的氛围，加上蓝色的马赛克踢脚线，显示出浓浓的海边风情。

2 暗红色的墙饰与印花布艺营造出暗调华丽，搭配银色边几，将欧式新古典风情尽显无遗。

3 原木雕花屏风在突兀中追求独特的个性展示，繁复的雕花与仿古的陈列柜流露出浓厚的传统文化气息。

4 镂花隔断运用的中式传统元素与泰式陈列柜将混搭风格表现得淋漓尽致，让人感受到两种风格带来的别样温馨。

5 黑色焗漆木作沿墙设置一排悬空式的储物柜，与水彩壁画共同打造出时尚、个性的前沿家居。

6 白色墙面镶嵌一个大型水族箱，在入口处制造出一道亮眼夺目的风景，带给人清新的感受。

7 咖啡色的木饰面在珠帘后显示出其温润、柔和的质感，搭配精致、古典的装饰，流露出浓厚的典雅气质。

8 镜面与PU材料打造出一面极具立体感的镜面墙，让狭长的空间更显深邃、悠远。

9 米黄色大理石打造的玄关通道带给人大气、华丽的感受，让这个没有明确隔断的空间更显通透、明亮。

10 金属镶边与金属镜打造的置物柜与铁艺枝形架将进门的空间装点得优雅而华丽，扮靓了整个空间。

POINT

1 泥色的墙面漆创造出原始、自然的场景，置物架上的藤本植物及花鸟挂画让空间充满原野气息。

2 黑色烤漆玻璃打造的鞋柜让人在进门的第一瞬间就注意到它的存在，给人简明、清爽的感觉。

3 白色的系统柜与整容镜很好地协调在一起，既美化了空间，又能提醒屋主要时刻注意自己的妆容。

4 枫木染白表现出细腻的质感，素雅的色调及高大的形象带给人强烈的心理震撼。

5 大型装饰画在入口处制造出亮眼的视觉效果，与怀旧感的地砖相结合，形成了极佳的空间平衡。

6 简易的边几与白色系统柜打造出一个简约、优雅的过渡空间，显出大家风范。

7 怀旧系列的地砖铺贴让空间充满自然韵味，加上白色悬空的储物柜，更显飘逸、灵动。

8 黑色烤漆玻璃与清玻璃运用各自的特点将个性与时尚表达得淋漓尽致，尽显空间品位。

9 金属镜与朴实的边几用同样的色调表现出暗调的优雅，再与怀旧色的地砖相结合，带给人温馨、自然的感觉。

10 天然纹理的石材拼接成富有意境的图案，既是展示，又是装饰入口空间的最佳选择。

玄关墙设计的八个流行趋势（三）

流行设计七：用镜子改造狭长空间

如果受户型限制而无法达到更衣、储物等实用功能也不必强求，花点心思顺其自然地去设计玄关，不但能起到空间的过渡作用，还能让玄关绽放出意外的光彩。比如，可以考虑镜子的妙用。狭长的玄关、长长的走廊布局为设计增加了难度，但通过镜子的反射作用可以改变狭长空间带来的视觉不适感，再加上条案、中式挂画等装饰，可以使玄关和房间的整体风格相适应。

流行设计八：巧用墙面镂空造型

一套50平米的老房子，玄关的设计却很出彩。主人在墙面开出三个等径的圆洞，使用双面玻璃，中间以粗砂粒铺底再各摆上一个仿青铜器饰品。既解决了门庭的采光问题，又弥补了玄关墙面的单调，增加了美感。

玄关的色彩和灯光非常重要。玄关一般没有采光的窗户，只能人工照明，通常用白炽灯、吸顶灯和壁灯，不宜采用日光灯，后者在狭小的玄关里显得太刺眼。在色彩的处理上要和相邻空间相适应，暖色调的玄关可适当加一些饰物，营造一种宾至如归的感觉；冷色调的玄关，摆设应尽量简单，不应杂乱，这样才更显宽敞明亮。

POINT

1. 入口的边几既是展示台，又是餐厅的小储物柜。进门便看见餐厅的布局让人倍感温馨。

2. 镂花木格上装饰一面精致的容镜，与黑色陈列柜一起营造出华丽、大气的效果，并提供出门整装的便利条件。

3. 圆形的隔墙让空间产生几分迷离、梦幻的感觉，让人一进门就做好体验奇幻之旅的心理准备。

4. 精美的镂花装饰让厚实的门板透出几分轻灵，与雕花的楼梯扶手一起巧妙地平衡了华丽、稳重的空间感。

5. 实木质感的陈列台成为绿色植物的展台，在铁艺镂花隔断的映衬下更显几分绿意盎然。

6. 黑色陈列台上的艺术雕塑与墙面背景很好地协调在一起，优雅而别致，为空间平添了几分艺术气质。

7. 古典优雅的边几、佛头，精致的挂画以及黑白根大理石地板一起营造出恢弘大气的玄关空间。

8. 浅色木柜在入口处做好室内收纳的工作，同时兼具展示、陈列功能的柜体有着一物多用的有利条件。

9. 红色木柜以优雅、深沉的纹理丰富着空间表情，上下柜体间的展示柜则以个性人偶点缀，意趣横生。

10. 白色的镂花屏风可以自由旋转，既起着隔断空间的作用，又有着不可小觑的装饰效果。

玄关装饰的材料选择

一般情况下，玄关中常采用的材料主要有木材、夹板贴面、雕塑玻璃、喷砂彩绘玻璃、镶嵌玻璃、玻璃砖、镜屏、不锈钢、花岗石、塑胶饰面材料以及壁毯、壁纸等。

无论是屋主回家还是客人到访，恰到好处的玄关都能给人亲切、自然、温馨的感觉。如果说家是一首诗，那么玄关就是诗的引子，带出整个家的基调，而一个漂亮且耐人寻味的引子，能体现出屋主的品位和情趣。玄关的空间往往不大，而且不太规整。在这个不大的空间中，既要表现出居室的整体风格，又要兼顾展示、换鞋、更衣、引导、分隔空间等实用功能。玄关是一块缓冲之地，是一个缩影，是乐曲的前奏、散文的序言，亦是风、阳光和温情的通道。因此，玄关地面材料的选择是关键，因为这个位置总是比其他地方更受"关照"，也因此承受的磨损、撞击也最多，同时它还起着引导空间的作用，能让玄关自成一体。

实木地板、瓷砖都是不错的选择，因为它们便于清洗、耐磨，只不过瓷砖会让整个区域看起来有点儿冷。另一种做法是使用长方形地毯。这种地毯既长又窄，非常适合玄关的造型。玄关的空间一般比较狭窄，容易产生压抑感。但通过吊顶的配合，可以改变玄关空间的比例和尺度。玄关天花往往可以成为极具表现力的室内一景。它可以是自由流畅的曲线，可以是层次分明、凹凸变化的几何体，也可以是大胆露骨的木龙骨，上面悬挂着点点绿意……简洁、统一、有个性，色彩淡雅不过时。

大部分的玄关光线都较暗且空间狭小，因此最好选择清淡明亮的色彩。如果玄关够宽敞，也可以选用丰富而深暗的颜色。但是，最好避免在玄关堆砌太多让人眼花缭乱的色彩与图案。家具擅长利用空间，家具隔断玄关的作用显而易见。它的另一重要功能就是储藏物品。一般这个地方要放的物件很多，古董摆设、挂画都可能"露脸"，但要玄关干净、整齐、有格局，鞋柜、玄关桌、衣帽架是必不可缺的，因此应因地制宜，充分利用空间。

POINT

1. 原木材质与素色面砖打造的空间让人感受到富有质感的空间带给人的优雅，同时享受到木质材料带给人的舒适惬意。

2. 木栅隔断和极富传统意味的中式柜几组合成入口的风景线，给人一个酝酿情感的过渡空间。

3. 黑镜打造的墙面既具有一定的反射作用，又不会很清晰地展现，营造出若有似无的神秘感。

4. 中式传统元素在空间中的运用可算是炉火纯青，入口处的镂花与透明珠帘的结合，在传统、典雅的基础上添上了轻盈、灵动的一笔。

5. 典雅的边几以古典的形式展现优雅的气质，为营造极富韵味的空间氛围奠定了良好的基础。

6. 怀旧色的地面砖为空间奠定了田园般的空间氛围，木纹门面更是增添了这种清爽的感觉。

7. 印花玻璃墙与裂纹大理石将走道衬托得华丽、优雅，带给人迷醉的感觉。

8. 金色的罗马柱与墙面镶边昭示着更为华丽、大气的室内空间，给人营造了一个气势磅礴的过渡空间。

9. 繁琐的门墙装饰与精致的座凳是入眼的第一道风景，体验优质生活和追求高雅品位便从此刻开始。

10. 精心装饰的玄关墙呈现出凹凸不平的立体感，搭配温润质感的木地板，让人感受到大自然带给人的轻松惬意。

POINT

1 优雅华贵的陈列台，舒适的座椅，精致的梳妆台……给进门的人提供最细致、贴心的服务。

2 黑色陈列柜和壁面为室内空间铺设了典雅、华贵的帷幕，既是进门调整情绪的空间，又是酝酿空间氛围的催化剂。

3 传统的狮子造型与陶缸的组合带给人平易近人的感觉，别家小院的印象就此生成，亲切而随和。

4 圆形空间两端是狭长的走道，这样的设计更增添了圆形空间的尊崇感，显得优越而庄重。

5 上升的台阶与廊柱式结构为空间平添了几分开阔、大气，有随时给人惊喜的感觉。

POINT

6 简易造型的案桌用灯光凸显出来，成为进门的第一视觉焦点，新奇、时尚，又显得大方。

7 利用走道的景深制造端景效果，以具有浓厚中式情调的壁画营造出清雅、幽静的空间氛围。

8 黄色的墙面漆与壁橱打造出一个鲜明、生动的过渡空间，预示着一个生动、活泼的室内空间，等着人们的进入。

9 极具东南亚风格的柜体既是空间不可多得的装饰，也是展露典雅、华丽的最佳道具。

10 相同材质的边墙与平行铺贴的地砖让走道产生一种无限延伸的错觉，也让空间感得以延伸。

固定式玄关隔断的定义

固定主义的隔断，就是一旦设置好之后，便不可轻易移动与改造，属于半硬性分隔空间的方式。因此，前期的设计非常重要，属于深思熟虑、思虑周密的一脉，对空间的把握能力与预测能力要求较高。不过如果设计得巧妙，固定隔断能为生活带来很大的便利，如增加居室内的收纳空间，对储物空间不够的家庭而言是非常实用的选择；此外，还可以被设计成酒架、展示柜等，兼具实用与装饰功能。

设计固定隔断，要根据空间的情况因地制宜。如果希望空间有完全的封闭性和私密性，不受外界的打扰，可以采用不透明的落地壁柜，这样不仅能隔出近乎封闭的空间，还可以实现一定的收纳功能；如果不希望空间被完全隔断，想要营造出"隔而不断"的开放式效果，则可以采用通透的展示架，既区分了空间，在视觉上又有连续性，而且通透的展示架一般不大影响采光，特别适合用在采光不佳的空间里。此外，用通透的玻璃制作的固定隔断，可以创造出更具现代感的效果。

POINT

1. 原木嵌镜的饰面与另一面墙错位设置，既增添了空间感，又丰富了空间造型，让人感受到不一样的家居风情。

2. 黑色烤漆玻璃柜兼水族箱既将入口与室内空间区分开来，又美化了室内环境，可谓一举多得。

3. 做旧的木柜充当着入口边几，绿色植物与做旧木柜营造出清爽、舒适的氛围，搭配镂花木门与红色家具装饰，更添几分惊艳气质。

4. 上升式的室内空间利用台阶提升了空间，为玄关创造出一个独立发挥的场地，彰显出华丽的空间氛围。

5. 素色壁纸以夸张的树形示人，配合咖啡色的提花壁纸，素雅中见大气，优雅中现华丽。

6. 方正有型的白色置物柜以其尖锐的外形和富有质感的色彩表现出空间个性，为空间增色不少。

7. 沿墙而设的组合柜有着可折叠的桌面，既能很好地完成小物件的收纳，又为人们提供了一个学习的平台。

8. 黑色烤漆玻璃柜映着地砖的花纹，更显出几分华丽质感，搭配黑白色的风景挂画，怀旧中流露出华丽的气质。

9. 大面积的镜面玻璃让空间呈现出似是而非的景象，在延伸空间的同时带给人神秘的感觉。

10. 褐色的隔断同时兼具着置物台的功能，挖空的结构让视线可以通达到室内，悬空的形式则显出轻盈、飘逸之感。

POINT

1　亮丽的色彩搭配是空间的主流，怀旧地砖与蓝色木作将走道延伸，形成一个别具风格的玄关空间。

2　白色壁柜留出一个倒"L"形的陈列台，并用射灯点亮这一区域，很好地协调了白色空间的宁和与优雅。

3　白色壁柜与圆圈壁纸相结合，如同给素雅的壁柜镶上一圈花边，既丰富了墙面形态，又扮靓了入口空间。

4　银灰色提花壁纸与端庄的边几营造出华丽的欧式空间氛围，铜色花瓶装饰也为空间增色不少。

5　半圆形的围护打造出一个独立的玄关区，圆形贴花铺装与吊顶灯上下呼应，更好地将过渡空间独立成体。

6　白色镂花隔断与烤漆实木柜互为搭配，为优雅、庄重的家居空间奠定了良好的基础氛围。

7　入口走道如同墙壁一样没有做任何的雕饰，一进门就能看见客厅的景象，带给人明快、舒爽的感觉。

8　烤漆木条与镜面搭配，共同打造出一个独具韵味的空间，别开生面的墙面造型也成为各功能空间的过渡。

9　提花壁纸在灯光的辉映下显示出若有若无的花纹，配合优雅大气的花瓶，更显出华丽气质。

固定式玄关的打造方法

半面墙隔断：这是最老派的固定式隔断，可以是纵向的半面墙，单取在左半边或右半边，比如，在连着客厅的阳台的一角设置书房时，半面墙的隔断就可以把工作区域挡在后面，而整个空间在视觉上仍然是连续的；另一种变体是将中间部分墙面放空不做，隔断墙面上还可以做出一些装饰效果，或做成展示架，此外，"半面"的含义也可以从上下角度来理解：只做下半面墙壁，亦是一种半通透的隔断。

矮柜隔断：如果想做隔断，又想增加储物空间，就可以考虑把隔断做成矮柜，其实与半面墙很相似，只是把墙体变成了柜体。做隔断的柜子高度最好在0.9~1m左右，太高可能会影响到通风和采光，也会令空间显得狭小。如果整个空间内的色彩比较丰富，就不用过于强调柜子的颜色，而如果空间比较素淡，把它处理成比较亮的颜色，则可以起到点缀的作用。

层架隔断：层架隔断也是既有隔断功能又有储物功能的设计。与矮柜不同的是，层架是透空的，一般做得较高，更接近于半面墙的形式，能形成虚实掩映的效果。层架虽然可以用来储物，不过毕竟是全开放的式样，如果放置大多零碎物品，会显得凌乱。但是相比橱柜，层架的优势在于它的展示功能，摆放一些收藏品、艺术品更为合适。

玻璃隔断：玻璃通透、明亮，有拓展空间的作用，可以制成半面墙隔断，即便做成整面墙也能保持两边空间的互通和交流，尤其适合小面积的居室。此外，玻璃的防水、防潮、防腐性能使它成为卫生间隔断的首选。需要注意的是，选择玻璃隔断时，要充分考虑玻璃的质感以及适合与什么样的装修风格搭配在一起，从色泽和材质上来讲，玻璃都属于冷光系，适合简洁、明快的装饰风格，材质厚重的家具与其搭配在一起，会显得突兀、不融洽。此外，玻璃容易反光，在安装时，要充分考虑其安装位置是否会造成光源与视线的冲突。

POINT

1　黑色陈列柜以简洁的造型表现出时尚气质，夹在中间的白色柜门鲜明突出，似乎在暗示简约空间的特性。

2　做旧的木地板在顶灯的照耀下流露出淡淡的怀旧气息，让整个空间沉浸在回忆和怀念的氛围中。

3　木饰面背后隐藏着大容量的收纳空间，在保证空间完整性和整洁性的同时也解决了家庭收纳的大问题。

4　实木地板保证了整个空间的完整性，让人一进门就感受到温馨的氛围和徜徉于空间中的愉悦感。

5　低矮的柱体结构勾画出空间格局，暗藏的灯饰在黑色地板上打造出魅惑的光影，让空间流露出神秘的质感。

6　白色的地砖铺设成圆形图案，与吊顶灯形成上下呼应，为进门的人营造出一种舞台般的尊崇感和优越感。

7　仿明清时期的边几以其独特的造型搭配红梅花开的壁画，为空间平添了几分深远的意境。

8　大幅壁画装饰与精美的古典坐凳将古典美表露无遗，与卷草状的镂花吊顶一起书写时尚、雅致。

9　红色的古典灯饰，中式传统座椅，青砖墙壁，精美的中式挂画……极具中式风格的装饰将深远的意境和浓厚的文化氛围表露无遗。

10　精美的雕花木门拉开中式空间的帷幕，将传统建筑的精美与深厚的文化底蕴一一展现。

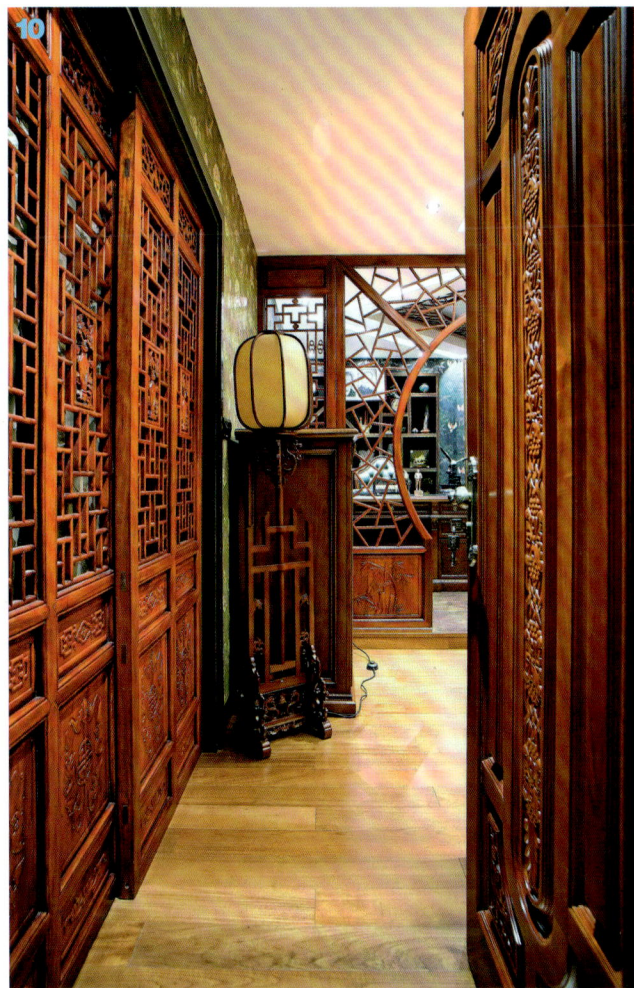

1

移动式玄关隔断的定义

移动主义隔断，最典型的特征是轻盈、便捷，可以随意移动。它可以分为两大类：可移动自身位置，如屏风、滑动门；可变动自身形态，如布帘。采用移动主义隔断的最大好处是灵活，使空间拥有更大的弹性分隔余地，尤其适合那些对空间多功能性要求较高的人，以及那些喜欢时时变动居家空间格局的人。如果设计得巧妙，利用几面布帘就可以在居室内分隔出若干个独立空间，动、静、开、合，运用自在一心。

2

3

4

5

POINT

1 中式传统镂花隔断在入口处形成一道似隔非隔的风景，划分出不同功能空间的同时也表现出浓重的中式韵味。

2 造型优雅的边几与金属质感的装饰相搭配，为整个空间奠定了优雅、华丽的氛围。

3 保持原木最自然、朴实状态的柜几与素雅的壁画相搭配，将古典、优雅与清爽、舒适一起带入空间。

4 茶镜与金属构造的墙面搭配极富中式传统意味，凸显出屋主的品位与追求。

5 白色柜体用一段镂空分为上下两部分，这样一来，不但有了衣柜、鞋柜，还有了小小的陈列台，同时下面的空隙还暗藏灯管营造出轻盈感。

6 弧形壁柜与水族箱的组合既保证了墙面的完整性，又展现出大气的空间格调。

7 清玻璃打造的封闭空间在灯光下显得更为清透，搭配一些自然元素的装饰，更显出个性。

8 镜面玻璃在入口的运用似乎已成为玄关的最佳选择，既有延伸空间的效果，又可以营造出华丽的质感。

9 错位铺贴的地面砖很好地区分开两个不同的功能区，色彩丰富的墙饰与优雅的壁画装点出一个亮眼的过渡空间。

10 圆圈壁纸在灯光的作用下呈现出凹凸不平的质感，丰富了墙面立体感，与绿色的吊兰一起扮靓了空间。

移动式玄关隔断的分类与打造方法（一）

家具隔断： 大型家具如装饰柜、书柜、沙发等也可以兼做隔断，效果介于固定主义与移动主义之间。比如，门厅与客厅相连处，摆放一个装饰柜作为隔断，上半部分可以放置鲜花，可以挂画，下半部分则可以做成鞋柜，基本上是固定主义的，而在较大面积的客厅里，用沙发来分隔空间也是很好的办法，可以圈出一块会客区域，中间铺上地毯，形成温暖汇聚的中心，此时，隔断的可变动性就增强了，可以根据不同需要来灵活组合。此外，书柜被因地制宜地用作书房的隔断也非常适合，并且书本身就是最好的装饰物。书柜只要做出最简单的样子，摆满藏书以后，整个空间的格调就非常棒了。家具虽然不便移动，但是若喜欢改变，每过几个月就将它们搬动一次，那么隔断的位置也就变了，整个空间的格局也就跟着变化了。

POINT

1. 简易的边几以其厚实的质感表现出稳重气质，搭配精心挑选的长颈鹿，平添了几分趣味性。

2. 金色壁纸与形式各异的相框互为衬托，既丰富了墙面形态，又装点了进出口空间。

3. 进门处利用楼梯间打造出一个展示区，经典壁纸与大理石结合，营造出稳重、大气的空间氛围。

4. 白色焗漆木格表现出浓厚的中式传统意味，与大花布艺沙发搭配，显示出传统中式的喜庆与吉祥。

5. 木作有着优良的塑造性，可以随意创造出不同的造型，黑色的焗漆配合空间氛围，显示出个性酷感。

6. 手绘花枝与蝴蝶以其细腻的笔触带给人轻盈柔和的感觉，隐形门片也给空间带来无限趣味。

7. 木质地板与室内地面砖区别开来，搭配别有韵味的手绘墙，朴实中流露出浓厚的文化气质。

8. 精美的陈列台与水晶珠帘共同打造出一道隔断墙，让人在进门的瞬间只能朦胧地观赏到客厅的场景，增添了空间的趣味性和神秘感。

9. 水泥原色的地砖将玄关与室内空间区分开来，搭配优雅的壁纸与精美壁画，空间既有气质，又充满温馨感。

10. 卵石铺装的墙面与原木框架搭配铁艺边几和绿植，让空间充满田园般的泥土香味和原野般的清爽气息。

黑镜玻璃以简单的图案展示着优雅的造型，搭映璀璨的灯光，更添几分柔奢感。

原木打造的柜体与梁柱很好地协调，在寻求空间和谐的基础上用朴实、细腻的质感营造出优雅、华丽的气质。

POINT

1. 深色木柜与镜面合力打造出一个极具优雅气质的入口空间，兼衣柜、鞋柜、整容镜及陈列台于一体，实用而优雅。

2. 白色系统柜以其完整性表现光洁的墙面，让空间整体感更为强烈，同时也让大小物品都有各自的归属地。

3. 白色的柜体几乎与墙面融为一体，在保证空间完整性的同时凸显出温雅、流畅的气质。

4. 白色的橱柜在入口处营造出光滑、平整的效果，打开来却别有一番天地，大小不同的柜体和抽屉绝对会让人瞠目结舌，是墙面收纳的成功典范。

5. 方正有型的墙柱表现出华丽、大气的空间气质，同时营造出开阔的玄关空间，让空间平添了几分奢华感。

优雅的穹顶设计将空间划分出不完全独立的空间，在玄关入口的精致花盆处可以纵观全局，带给人一种磅礴、宏大的气势。

白色美耐板与原木饰面搭配，打造出一面光滑、完整的墙面，将收纳和门片隐于无形。

移动式玄关隔断的分类与打造方法（二）

屏风隔断： 屏风是隔断也是装饰品，具有良好的通风性和透光性，小巧轻便，可随意挪动，想放在哪儿就放在哪儿，想放成哪种角度就放成哪种角度，易于收纳，而且花色多样，颇有古意。屏风可以放置在书桌前，用来隔绝干扰；可以放置在床铺边，营造幽秘的休息氛围；可以放置在更衣空间外围，除了隔断，也可以放置更替的衣物。

帘隔断： 帘子这种东西，不仅可以用来装饰窗户，在居室内门上的应用也很广泛。制作帘子的材料有很多：竹帘清雅、珠帘浪漫、纱帘朦胧、布帘温馨……都是既能起到隔断的作用，又不会对通风、采光造成太大影响，而且是可以自由收放的好东西。此外帘子还具有提点风格、营造氛围的作用。帘子的择取各由屋主的喜好，丰俭由人，可以做得奢华，也可以非常简约，只花一点点钱就能获得相当好的效果。更具创意的是，以帘子取代居室内部的墙壁，比如，在床铺周围安装几幅落地布帘，便可围合成一间卧室，根据四时季节及心境的变化，还可以随意更换；在宽大的客厅里拉出几条斜向轨道，安装上布帘，就可以实现多种不同的空间分隔方式。

POINT

1 直接式的入口形式让空间显得更加简明、通透，镜面墙的设计让开敞的空间平添了几分迷离感。

2 白色的壁橱在与地面一定距离的地方设置了隔板，并暗藏灯管，营造出入口处第一道轻盈的风景线。

3 独特的壁画成为墙面乃至空间的主角，搭配原木饰面与个性花瓶，空间的品位尽显无遗。

4 印花壁纸与精致的边几在入口空间酝酿出经典怀旧气息，搭配休闲长椅，让人有一个静思的地方。

5 值得一提的是装饰壁画与边几的搭配，让空间充满金属质感的气息，营造出优雅、奢华的空间氛围。

6 实木门片与中式镂花门共同打造了一个相对独立的玄关空间，实木的温润与大理石的冷硬相结合，营造出华丽的舒适。

7 原木打造的壁柜也分为两种形式，上下悬空的柜体利用灯光营造轻盈感，衬托实体柜带来的厚重感。

8 开放式的厨房成为进门的第一道风景，让家庭生活氛围更显浓厚，倍显温馨气息。

9 实木地板营造出浓重的怀旧气息，格子状的沙发与典雅的小桌相搭配，在入口处打造出一个舒适、娴静的休闲空间，让人有一个放松的好去处。

6

7

8

9

POINT

1. 黑色的时钟在白色的墙面上显得尤为突出，同时也暗合了室内空间黑白色经典搭配的主调。

2. 白色的陈列柜充当着入口与客厅的隔断，让一眼到底的空间在形式上更显条理性，更进一步地完善了空间。

3. 浅色木饰面打造的柜体带给人清新的感觉，为没有多余装饰的空间增添了几分亮色。

4. 大小不一的相片在白色的墙面上形成了一道内容丰富的艺术墙，为空间增添了几分艺术韵味。

5. 壁橱采用黑色饰面嵌镜来装饰空间，镜面的反射与黑色饰面的深沉形成鲜明对比，同时又相互协调。

POINT

6 入口处的空间运用手绘描绘出自然森林的风光，"树梢"挂着精美时钟，原木打造的弧形吧台，所有的一切都让人有一种沉醉于大自然中的冲动。

7 白色烤漆让边几呈现出非凡的质感，搭配黑色装饰品，个性鲜明，又凸显了空间气质。

8 云纹边几呈现出优雅、古典的气质，搭配随处可见的彩色纱巾，让空间充满飘渺、灵动的浪漫气质。

9 空间利用走道形成一个入口玄关，优雅的边几与插花装饰是最具代表性的点缀，凸显出屋主的品位与追求。

10 大幅壁画占据了整个墙面，优美的风景画搭配黑色边几和白色装饰品，弱化了边几的作用，凸显出优雅的装饰格调。

玄关墙的收纳

玄关墙是玄关功能区中最重要的组成部分，因此玄关墙的装饰也得到了极大的重视。如今小户型越来越受到人们的欢迎，而在不大的居室中，如何设计更多的收纳空间也是设计的难题；玄关也不例外，好的收纳设计也自然被运用到了玄关墙中。

玄关墙的收纳设计可以有很多种方式，但在设计时必须兼顾玄关的最基本功能。玄关台是玄关墙中一种很好的收纳形式，以下将主要介绍玄关台的知识。

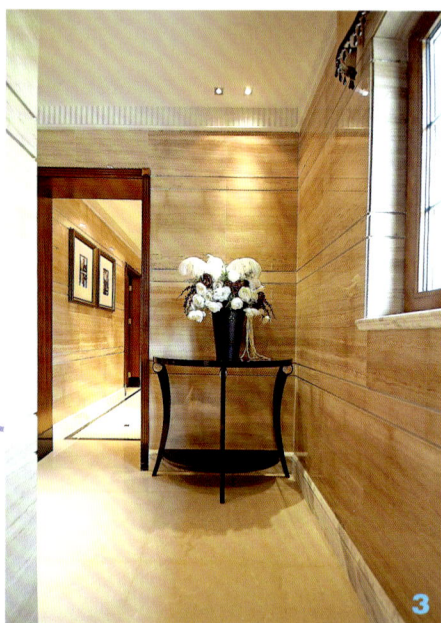

POINT

1 透明玻璃与白色木格做成的门是遮挡视线的最佳选择，既保证了空间的独立性，又让视线保留穿透性。

2 纯白色的柜体在中间留出展示的台面，充分展现了家具质感与空间品位。

3 卡其色的墙面砖更多地偏重泥色，表现出浓重的原始、自然气息，同时光滑的质感也与优雅的边几很好地搭配在一起，在朴实中彰显优雅、华丽。

4 清玻璃打造的墙面隔断既保证了空间的采光度，又营造出一种似隔非隔的朦胧感，既保证了空间的独立性，又保证了视线的交流。

5 浅色木柜以其浅淡的色彩及细腻的质感在入口处营造出一种素雅、温馨的氛围，让人倍感家的舒适。

6 地台式设计将空间很好地区分开来，巨型花瓶则成为过渡空间最好的装饰，既显大气，又显个性。

7 金属镜与镜面柜组合，打造出一个华丽的入口玄关，在灯光的作用下更显几分神秘、奢华。

8 压花玻璃屏风与青花瓷瓶共同演绎了新中式风情，凸显出屋主的品位追求与生活情调。

7　8

门框式的墙洞用原木打造的柜体和隔板填充，既显个性又流露出田园气息，让人回味。

玄关台的搭配知识

玄关台，就是房子玄关前的一个台子，您也可以理解为"桌子"。一般而言，玄关台就是一个桌子或者柜子，可以美化环境、放置部分当用物品。根据风格，可以分为田园风格、欧式风格、中式风格、现代风格等。

玄关台的色彩搭配

玄关台最好选用中性偏暖的色调，能给人一种柔和、舒适之感，让人很快忘掉外界环境的纷扰，体味到家的温馨。此外，玄关台宜保持整洁清爽，若是在周围堆放太多杂物，会令玄关显得杂乱无章。

玄关台的空间搭配

对于玄关较小的家庭，建议您将玄关台的门设计成滑动门，厚度也不要大大，容量以能存放10双鞋为宜。另外还有一种"挂"在墙上的组合型鞋柜，很节省空间，造型也很特别，您可以尝试一下。相反，如果居室面积较大，则可以安装双门，层高和功能齐全的玄关台，还可单独配换鞋凳、雨伞桶等。摆放玄关台要以不影响屋主出入为原则。如果居室面积偏小，可以利用低柜、矮桌等家具充当玄关台，扩大储物空间。还可通过改装家具、设计个性玄关台来达到一举两得的效果，增加实用性的同时还节省了空间。

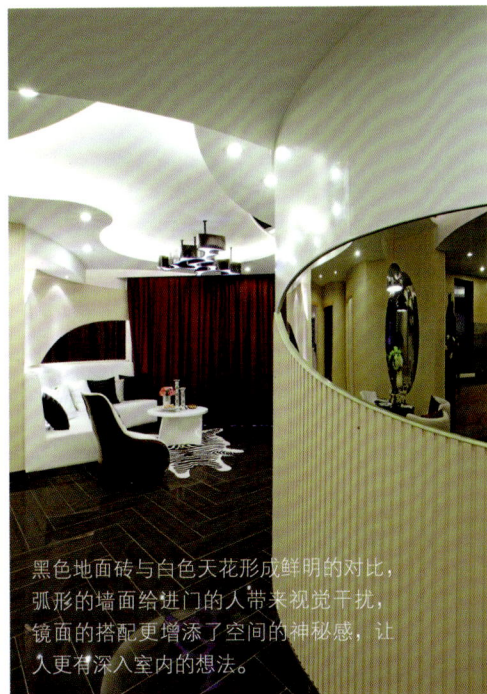

黑色地面砖与白色天花形成鲜明的对比，弧形的墙面给进门的人带来视觉干扰，镜面的搭配更增添了空间的神秘感，让人更有深入室内的想法。

POINT

1. 红色的烤漆玻璃留出圆形的空白作为点缀，既有惊艳的效果，又让空间显得活泼、生动。

2. 入口没有做过多的装饰，沙发靠背自然而然地成为区隔两个空间的分界线，一目了然的形式可能会更让人觉得温馨。

3. 简易的人形装饰串连整个空间线路，入口处的墙面更成为最佳的展示空间，让空间显得个性十足。

4. 白色的案桌有着精美的雕花边，搭配文化石墙纸，精致、优雅中不乏文艺气质，让人过目不忘。

5. 狭长的过渡空间用独特的方式处理，打造出一个别具特色的休闲区，特别处理加上个性装饰让这个空间显得韵味十足。

6. 实木打造的柜体成为进门的第一道风景线，挖空的形式让陈列、展示更具个性、时尚。

7. 镜面的运用让这个畸形空间平添了几分神秘气息，让人忽略掉低矮空间带给人的压抑感，专注于空间的个性展示。

8. 浅色木柜根据空间特征打造成不同的形态，既解决了空间收纳问题，又让空间显得更优雅。

9. 个性木柜是进门的第一道风景，起着先抑后扬的作用，同时也保证了视线的畅通无阻。

10. 条纹状的地面砖让走道呈现一种发散状的延伸感，让走道尽头的清新婚纱照成为视线焦点，为空间增添了浪漫、清新的气息。

6

7

10

8

9

如何选购玄关台

定做玄关台方法灵活

很多家庭装修时在玄关台是定做还是买成品上犹豫不决。因此在装修前期，应该请设计师根据家庭成员的构成情况来考虑玄关台的尺寸和样式。

一般来说，玄关处的玄关台主要是放置平时常穿的6~8双鞋或其他杂物，设计师会依据玄关的尺寸、结构和美观度来为屋主提出专业建议。

选择定做玄关台的话，一般会相对灵活一些，比如玄关台不仅具备放鞋功能，还可以按家人的实际需要设置几个贴心的功能，如放雨伞、钥匙等。

此外，玄关台是一进门的视觉重点，若设计出彩，那么在颜色、造型和风格上都能与整体的居室风格相统一。

视空间大小决定式样

对于玄关较小的家庭，建议将玄关台的门设计成滑动门，厚度也不要太厚，容量以能存放10双鞋为宜。另有一种"挂"在墙上的组合型鞋柜，很节省空间，造型也很特别，可以尝试一下。相反，如果居室面积较大，则可以安装双门、层高和功能齐全的玄关台，还可单独配换鞋凳、雨伞桶等。另外，设计上也最好分两步走：一方面，在玄关处做一个美观、多用的小型玄关台；另一方面，在其他储藏空间，如更衣间的衣柜、卧室的床底等处为杂物预留一些位置，把季节性的及不常用的用品收纳在里边。

1

玄关台的保养与清洁

玄关台的保养

1.请勿将其置于靠近火源、高温地或直射阳光下，阳光持续、直接的暴晒会使产品褪色。

2.柜类及家具的里面应放置樟脑丸，也可放一些茶叶，以防蛀虫及蟑螂等。

3.如需移动家具，请将其抬离地面移动，避免磨花地板。

玄关台的清洁

1.日常保养应使用干净的软布擦拭表面尘迹，忌用硬物抹拭表面和镜子。

2.遇难除污渍，可用牙膏或30%的清洁稀释液擦拭，忌酸、碱等化学物品直接接触表面。

2

3

4

5

POINT

1. 黑色烤漆陈列柜以白色刻线丰富了柜体造型，搭配一幅可爱的壁画，让优雅的空间平添了几分活泼气息。

2. 木条装饰将整面墙包裹起来，在打造自然、朴实感的同时，也打造出别具意味的立体感。

3. 先扬后抑的设计带给人通畅、明亮的感觉，开阔的入口让空间显得更加开阔、大气。

4. 米黄色大理石铺就的地板与墙面砖形成一幅华丽的图画，搭配典雅的边几和金属质感的花盆，整个空间极具高雅格调。

5. 金属材料与镜钢合力打造的边几呈现出稳重大气的效果，与后面的玻璃门一起书写了华贵大气和时尚酷感。

6. 小空间的厨房做成开放式的，既节省了空间，又显得通畅、明亮，同时也增添了空间的时尚气质。

7. 在上升空间旁边的空间设置一个茶座，不但是对边角空间的利用，而且是营造、提升空间情趣的有效方式。

8. 细密的条纹壁纸与直线型的地砖铺设让空间纵深得到了最大限度的延伸，增添了空间的幽深感。

9. 米黄色的陈列柜以壁炉形式呈现，精致的雕花装饰与简易的造型搭配，更显优雅、华贵。

10. 壁纸上的卷草花纹为空间增添了几分独特的立体感，与吊顶上的镜面装饰相结合，平添了几分魅惑感。

简易造型的陈列合局黑色衬托出
它的质感，一个简洁而有品位的
玄关就此诞生。

地台式的设计将室内空间提高了一个层面，有效地区分出走道与功能区，既优雅又大方。

玄关区的地面采用不同于室内的材料与图案，是区分，也是强调过渡空间，独特的墙面装饰与陈列品一起书写典雅贵气。

POINT

1　粗大的梁柱遮挡住小部分视线，带给人无限的想象空间，由大气、开阔的客厅畅想豪宅氛围。

2　结合开放式厨房打造出一个休闲吧台，让人一进门就能感受到轻松、自在的氛围。

3　笔直的线条营造出简洁、硬朗的美感，如这个空间，留白的墙面与简洁的家具便打造出一个富有质感的家居环境。

4　因为玄关空间比较宽裕，于是便放置了舒适的座椅，既作为换鞋之用，又是休闲区的必要设施之一。

5　银镜装饰与金属质感的陈列台分别装饰着过道的两面墙，加上欧式的拱门设计，显得大气而华丽。

6　狭长的玄关总是需要一些点缀才能避免单调、乏味的感觉，出于对空间的考虑，小巧精致的博古架和个性装饰无疑是最好的选择。

POINT

1 中式传统座椅与精雕的镂花将传统与现代很好地融合在一起，打造出一个时尚、典雅的新中式空间。

2 银色马赛克紧密地拼贴出一面带有金属质感的墙体，既神秘又高贵，震撼人心。

3 镜面与清玻璃打造的独立区域带给人极强的个性感，用迷离玄幻的空间创造出无与伦比的时尚。